Sitzungsberichte
der Akademie der Wissenschaften
der DDR
Mathematik–Naturwissenschaften–Technik

Jahrgang 1990 · Nr. 9/N

Hans-Jürgen Treder

Kosmologie und Kosmogonie

AKADEMIE-VERLAG · BERLIN
1990

Vortrag von Hans-Jürgen Treder,
Ordentliches Mitglied der Akademie
der Wissenschaften der DDR, vor
der Klasse Geo- und Kosmoswissen-
schaften am 22. Februar 1990

Herausgegeben im Auftrage
des Präsidenten der Akademie
der Wissenschaften der DDR
vom amt. Vizepräsidenten Prof. Dr. Herbert Hörz

ISBN 3-05-500 886-3
ISSN 0138-3965
Erschienen im Akademie-Verlag Berlin, Leipziger Str. 3–4, DDR-1086

Printed in the German Democratic Republic
Gesamtherstellung: Druckhaus Köthen GmbH
LSV 3875
Bestellnummer: 764 190 5 (2010/90/9/N)

I.

Die Grundfrage der Kosmogonie ist die Frage nach dem Alter des Kosmos und seiner Subsysteme. Die Bedeutung dieser Zeitdauern ist sehr relativ; sie beruht auf dem Vergleich zwischen den Relaxationszeiten der Systeme und dem sogenannten Weltalter. (Dieses ist größenordnungsmäßig die reziproke Hubble-Konstante H^{-1}.)

Die Voraussetzungen der Kantschen (bzw. Kant-Laplaceschen) Kosmogonie des Planetensystems sind deswegen sehr gut erfüllt, weil die Relaxationszeiten eines „offenen Sternenhaufens" höchstens einige 10^7a betragen. Die Kosmogonie der Galaxien funktioniert dagegen sehr schlecht (bzw. ist gar nicht sinnvoll zu formulieren), weil bereits für eine Galaxis mit 10^{11} Sonnenmassen die Relaxationszeiten von der Größenordnung 10^{16}a sind.

Nun ist aber das sogenannte Weltalter, die reziproke Hubble-Konstante H, nicht größer als 10^{11}a (in Wirklichkeit noch etwas kleiner). Daher gibt es keine kosmischen Objekte, die älter als 10^{11}a sind.

Am Anfang dieses Zeitraumes liegt die kosmologische Singularität in allen Weltszenarien: Der „big-bang" bzw. der „Urknall" sollte alle früheren Strukturen zerstört haben, soweit sie uns in der Metagalaxis zugänglich sind. Kosmologisch ist also die Metagalaxis sehr jung. Wir haben daher keinen Grund, uns über ihre Pecularitäten zu wundern; denn irgendwelche Gesetzmäßigkeiten können sich überhaupt noch nicht ausgeprägt haben. — Dies könnten wir etwa erst nach 10^{17}a erwarten (s. unten II).

Wie gesagt, dies betrifft aber nur die Gesamtstruktur des Kosmos, nicht hingegen Einzelobjekte wie das Sonnensystem, weil die Zahlenskalen völlig anders liegen.

Im Grunde genommen schließt der Vergleich der Relaxationszeiten großer kosmischer Systeme (Galaxien, Haufen von Galaxien und Super-Haufen) im Vergleich zu dem Weltalter $\sim H^{-1}$ jede sinnvolle Kosmologie aus. Die Metagalaxis ist viel zu jung, um überhaupt Struktur-Gesetzlichkeiten besitzen zu können. Wir sind aber sicher, daß — wie schnell oder langsam etwas im Kosmos geschieht — bestimmte Erhaltungssätze nicht gebrochen sein können. Dies betrifft aber leider nicht mehr die klassischen Sätze von der Erhaltung der Energie, des Impulses, des Drehimpulses (Spins) und des Schwerpunktes; denn diese Sätze sind mit den Symmetrien der Raum-Zeit-Welt verbunden, die ja in der Kosmologie eben zur Diskussion steht. Dagegen sind die in „allen Räumen" begründbaren Sätze von der Erhaltung der Ladung, der Leptonenzahl und der Baryonenzahl in der allgemein-relativistischen Kosmologie noch nicht anzuzweifeln. Verallgemeinerte Kosmologien (inflationäre Kosmen) mögen auch diese Erhaltungssätze in Frage stellten. (Dagegen gibt es keinen Erhaltungssatz für die Mesonen-Zahlen.)

Einen begründeten Zweifel an den Satz der Erhaltung der Baryonenzahlen hat die Bemerkung, daß es nicht sicher ist, daß die Protonen stabile Partikeln sind. Viele Autoren nehmen an, daß die Lebensdauer eines Protons von der Größenordnung 10^{31}a bis 10^{34}a sein könnte; also sehr groß, aber jedenfalls nicht unendlich.

Gemäß der obigen Sentenz, daß es überhaupt keine Objekte gibt, die älter als 10^{11}a sind, erscheint die Behauptung, daß die Lebensdauer eines Protons zwischen 10^{31}a bis 10^{34}a liegt, zunächst als unsinnig. Da aber jedes Gramm $6 \cdot 10^{23}$ Protonen enthält, wird eine genügend große Masse (von etlichen 10^1 bis 10^4 Tonnen) einen Protonen-Zerfall von einem Partikel pro Jahr aufweisen. Wenn also jemand an den Satz der Erhaltung der Protonenzahl zweifeln will, kann er dies experimentell nachprüfen, weil die Zahl der Protonen im sichtbaren Kosmos etwa 10^{80} beträgt.

Das eigentlich erkenntnis-theoretische Problem ist hier, was ich das „Flucht-Problem" in die „Experimentelle Nischen" nennen möchte: Man kann immer nur Grenzen angeben; niemand kann experimentell beweisen, daß eine universelle Konstante tatsächlich konstant ist. (Also im Sinne von M. Planck: „von nichts, aber auch von gar nichts abhängt".) Man kann bloß immer angeben, mit welchen Meßgenauigkeiten und unter welchen Bedingungen keine Variabilität ihrer Zahlenwerte feststellbar ist. Gegen die Behauptung, bei höheren Meßgenauigkeiten und geeigneten Meßanordnungen könnten die Lichtgeschwindigkeit c, die Plancksche Konstante h und erst recht die Gravitationskonstante f sowie auch die Baryonenzahl N etc. variabel sein, ist metrologisch nichts einzuwenden. Hier sind wir an der Grenze der sinnvollen Fragestellung. In einer Welt, die nur 10^{11}a alt ist, ist $\approx 10^{34}$a ja so gut wie unendlich.

Es gibt ein anderes Beispiel für solche Flucht-Experimente: Niemand kann beweisen, daß die Ruhmasse μ der Photonen exakt null ist. (L. de Broglie nahm einmal $\mu \approx 10^{-44}$ g an.)

L. Landau glaubte beweisen zu können, daß wegen des CPT-Theorems die Ruhmasse der Neutrinos exakt null sein muß. (Ein Argument, das mir nachwievor einleuchtet.) Empirisch kann man aber niemals nachweisen, daß Neutrinos keine Ruhmasse haben, sondern nur obere Grenzen für deren Betrag angeben; und diese oberen Grenzen scheinen immer kleiner zu werden. Die Behauptung bei Boguljubov und Schirikov, daß alle Partikeln eine Ruhmasse $\mu > 0$ haben, ist daher m. E. problematisch.

Alle Sentenzen, die ich oben aufgestellt habe, sind in dem Moment erledigt, indem jemand ein kosmisches Objekt angibt, dessen Alter $\geqq 10^{12}$a ist, dann stimmt auch die relativistische Kosmologie nicht mehr. Entdeckt jemand andererseits Photonen mit einer Ruhmasse $\mu > 0$, dann ist die Maxwellsche Theorie falsch, und es gelten anstelle der eichinvarianten Maxwellschen die nichteichinvarianten Procaschen Gleichungen

$$\partial_k F^{ik} = \frac{\mu^2 c^2}{h^2} A^i = -J^i, \qquad F_{ik} = \partial_i A_k - \partial_k A_i .$$

Kann weiter jemand tatsächlich beweisen, daß es Neutrinos mit einer endlichen Ruhmasse μ gibt, dann ist die Weylsche Spinor-Theorie für die Neutrinos falsch, da diese ja gerade impliziert, daß die Ruhmasse μ der Neutrinos verschwindet.

Dasselbe gilt auch für die Lebensdauer der Protonen. Kann man beweisen, daß die Lebensdauer der Protonen endlich ist (so groß wie auch immer), dann gilt der Satz von der Erhaltung der Baryonenzahl nicht mehr.

Aber das ist dasselbe wie die folgende Frage: Könnten wir irgendeine Abhängigkeit der Lichtgeschwindigkeit c von dem relativen Bewegungszustand von Quelle und Beobachter nachweisen, dann ist die Spezielle Relativitätstheorie falsch; und könnten wir einmal zeigen, daß das Wirkungsquantum h von irgend etwas abhängt, dann ist die Quantenmechanik widerlegt. Wir könnten die Heisenbergschen Unschärferelation $\Delta p \cdot \Delta x \geqq h$ insofern unterlaufen, daß wir h modifizieren.

II.

Die Allgemeine Relativitätstheorie beruht in ihrer Kosmologie auf dem Weylschen Prinzip: Die Lichtgeschwindigkeit ist der unbeeinflußbare Informationsträger. Dieser Satz behauptet die Konform-Invarianz aller kosmologischen Metriken und das Verschwinden des vierdimensionalen Weylschen konformen Krümmungstensors

$$W^h_{ijk} = R^h_{ijk} + \frac{1}{2}\left(\delta^h_j R_{ik} - \delta^h_k R_{ij} + g_{ik} R^h_j - g_{ij} R^h_k\right) + \frac{\Gamma}{b}\left(\upsilon_k g_{ij} - \delta^h_j g_{ik}\right) = 0$$

Die gegenwärtige Kosmologie A. S. Eddington, A. A. Friedmann, G. Lemaitré, H. P. Robertson usw. geht über das Weylsche Prinzip hinaus und behauptet einen universellen Synchronismus. Deswegen ist das allgemeinste kosmologische Linienelement immer von der Robertson-Walkerschen Form

$$ds^2 = c^2 dt^2 - R^2(t)\, d\sigma^2$$

(bei entsprechender Wahl des Koordinatensystems), wobei $d\sigma^2$ die Metrik eines dreidimensionalen Raumes konstanter Krümmung bedeutet. Wie auch immer die „Erfahrbarkeit der Kosmologie" definiert wird (siehe unten): Wir stehen vor dem Problem des Partikel-Horizontes.

Die Expansion des Kosmos ist ein adiabatischer und reversibler Prozeß; d. h., daß auch die zeitverkehrten Lösungen theoretisch genauso gut geeignet sind wie die heute auf Grund des Hubble-Effektes bekannte Expansion. Die Robertson-Walker-Metriken haben alle denselben mathematischen Sinn: „Die Welt expandiert für uns". Aber diese Expansion ist reversibel; d. h., eine Kontraktion des Kosmos wäre physikalisch genau so möglich.[1]

Alles was im Kosmos kosmogonisch geschieht, muß aber irreversibel sein; d. h., den Zeitsinn eindeutig definieren. Solche irreversiblen Prozesse können nur auf den Wechselwirkungen der kosmischen Partikeln beruhen (ganz egal in welcher Größenordnung); und damit tritt das Problem der Relaxationszeiten wieder auf.

Aber die Wechselwirkung zwischen den Partikeln ist daran gebunden, daß die Lichtgeschwindigkeit c endlich ist. Es können nur Körper miteinander wechselwirken, „die sich gegenseitig sehen können". (Das ist das Horizont-Problem.) In den Standart-Kosmologien gilt nun immer, daß die Lichtgeschwindigkeit konstant ist (Weylsches Prinzip), während die Expansionsgeschwindigkeit $\dot{R}$ abnimmt. Wechselwirkungen zwischen den Partikeln sind nur dann möglich, wenn

$$t_0 \geq \int_{t\to 0}^{t_0} dt/R(t)$$

gilt. Im Beispiel des Einstein-de-Sitter-Kosmos (dreidimensional ebener Raum) gilt

$$R \sim t^{2/3}, \qquad \dot{R} \sim \frac{2}{3} t^{-1/2}$$

so daß irgendwann einmal das Licht die Expansion des Kosmos und damit die Möglichkeit der Wechselwirkung der Partikeln herstellt.

Hingegen sagt die kosmische Thermodynamik aus, daß (wie klein der Weltradius und wie groß dementsprechend die Temperaturen und Dichten im Kosmos waren) die Wechselwirkungen zwischen den Partikeln immer mit Relaxationszeiten stattfinden, die im allgemeinen um viele Zehnerpotenzen größer sind als die derzeitigen Partikel-Horizonte t_0. – Das ist die Begründung der Aussage, daß der Kosmos viel zu jung ist, um als Ganzes eine Geschichte zu haben.

Die relativistische Thermodynamik für einen adiabatisch expandierenden Kosmos führt auf die Tolmanschen Gleichungen für die Masse (Ruhenergie)

$$M = \frac{4\pi}{3} \varrho R^3 = \text{const.}$$

für die Strahlungsenergie

$$\mu R^4 = \text{const.}$$

und für die kinetische Energie eines nichtrelativistischen einatomigen Gases:

$$i R^5 = \text{const.}$$

Alles läßt sich auf den Satz von M. von Laue zurückführen, daß der Impuls p mit dem Weltradius R durch die Beziehung

$$pR = \text{const.}$$

verbunden ist. – Für ultra-relativistische Partikeln (z. B. Photonen) folgt hieraus wieder die Hubble-Relation

$$h \frac{c}{\lambda} R = h\nu R = \text{const.}$$

Aber alle diese Prozesse sind adiabatisch und reversibel: Wir erleben eine Geschichte des Kosmos, weil die Anfangsbedingungen so sind wie sie waren. Die Hubble-Relation besagt entsprechend der Planck-Einsteinschen Photonen-Theorie, daß die Schwarze Temperatur T zum Weltradius R reziprok ist:

$$TR = \text{const.}$$

In dem kosmologischen Szenarium bleiben alle Teilchen-Zahlen erhalten. Die Teilchen verlieren nur ihre Impulse p und damit Energie entsprechend ihrer Kinematik. (Das ist ja gerade die Definition der adiabatischen Reversibilität.)

III.

O. Heckmann und J. Zeldovich wiesen darauf hin, daß der tatsächlich existierende Kosmos sehr homogen und isotroph (bei entsprechender Mittelwertsbildung über die „kosmischen Partikeln" und in bezug auf die Hintergrundstrahlung) ist. Mit Recht erklärten sie dies für ein Problem. Wäre der Kosmos sehr alt, würde sich ein solcher isotroper Zustand auf Grund des zweiten Hauptsatzes der Thermodynamik einstellen. – Aber der Kosmos ist jung, und die Wechselwirkungen treten erst sehr spät auf.

Hierfür gibt es zwei Lösungen, über die O. Heckmann, J. Zeldovich und ich zusammen diskutiert haben. Die erste Möglichkeit ist: Die Welt ist so, wie sie ist, weil sie so war, wie sie war. Das heißt, der Urzustand des Kosmos war bereits homogen und isotrop, und er genügte damit dem Weylschen Prinzip. Aber diese Auffassung erschien sowohl Heckmann als auch Zeldovich für sehr anthropomorph. Die zweite Möglichkeit ist, daß im „Urzustand des Kosmos" (das ist im Rahmen des „big-bang") etwas anderes geschieht, als es die relativistische Kosmologie der Friedmannschen Modelle impliziert.

Es gibt im Rahmen der Friedmannschen Kosmologie keine Grenze für die Anwendbarkeit unserer heutigen Physik, bzw. diese Grenzen erschweren nur das Verständnis der Homogenität und Isotropie des Kosmos; denn gegen den Partikel-Horizont ist im vierdimensionalen relativistischen Raum keine Argumentation möglich.

Deswegen hat man einen „inflationären Kosmos" als Szenarium erfunden. Dieser inflationäre Kosmos hat die Eigenschaft, „energetisch dichter zu sein", als es die relativistische Physik erlaubt. Diese Szenarien enthalten deswegen in den Frühstadien des Universums außerraumzeitliche Freiheitsgrade, die durch die Quantenbedingungen und Planckschen Größenordnungen kompaktifiziert werden. Diese zusätzlichen Freiheitsgrade führen „mehr Materie" ein als in Raum und Zeit allein unterbringbar ist. Die Wechselwirkungen wären dann viel stärker, als es die vierdimensionale Allgemeine Relativitätstheorie erlaubt.

Die Frühgeschichte des Kosmos läßt sich dann auch unterhalb der Planckschen Zeiten $\sqrt{hf/c^5}$ weiterführen und würde zu Ergebnissen kommen, die durch die Planckschen Größen nicht mehr gedeckt sind. Nach Auffassung dieser inflationären Szenarien entstanden alle wesentlichen Eigenschaften des Kosmos vor seiner vierdimensionalen raum-zeitlichen Existenz. Die Frühgeschichte des Universums ist dann die des Abbaues der zusätzlichen Dimensionen.

Meines Erachtens ist es aber ziemlich gleichgültig, ob man bereits in den Anfangsbedingungen für das „Weltszenarium" Isotropie und Homogenität vorgibt, oder ob man behauptet, daß es zusätzliche „Parameter" gibt, die im Laufe des Szenariums verschwinden, so daß in den beobachtbaren Zeiträumen diese nicht-raumzeitlichen Parameter auf Grund eines Horizontes nicht mehr nachweisbar sind.

IV.

Alle irreversiblen Prozesse im Kosmos setzen voraus, daß die Summe der kinetischen Energie K und der potentiellen Energie U

$$H = K + U$$

(d. h. die Hamilton-Funktion H) nicht konstant ist. Der zweite Hauptsatz der Thermodynamik sagt aus, daß immer $\Delta H \geqq 0$ gilt. – Natürlich gilt immer der erste Hauptsatz der Thermodynamik, aber der zweite Hauptsatz behauptet die Unumkehrbarkeit von thermischer in kinetische Energie (im Rahmen des Carnotschen Prinzips).

Die Kantsche Kosmogonie des Sonnensystems beruht auf den Sätzen der Erhaltung des Impulses und des Drehimpulses einerseits und auf der Umwandlung der kinetischen Energie in innere thermische Energie andererseits. Gilt hingegen H = const., so sind „fast alle" mechanischen Prozesse zyklisch. Dies bedeutet: Jeder Prozeß, bei dem H = const. ist, verläuft periodisch; es gilt das Ergodentheorem bis auf eine „Nullmenge" von Anfangswerten.

P. S. de Laplace[2] wollte in seiner „Himmelsmechanik" mit analytischen Näherungsmethoden nachweisen, daß alle „Störungen" im Sonnensystem letztendlich periodisch sind. Aber die von de Laplace benutzten Reihen konvergieren nur für bestimmte Zeiträume Δt.

S. D. Poisson, der dies sah, vermutete einen viel allgemeineren Satz: Alle mechanischen Systeme sind zyklisch; d. h., es gibt kein „Chaos".

Die entscheidende Aussage ist nun ein Theorem von H. Poincaré. In seiner Arbeit „Sur le probleme des trois corps et les èquations de dynamique" (in: Acta math. **13** 1989, 1–270 nachgedruckt in: Henri Poincaré: Euvres, Bd. 7, Gouthier-Villars, Paris 1952, S. 262–479) stellte hier Poincaré fest, daß auf Grund der Prinzipien der Mechanik und aus den daraus folgenden topologischen Konsequenzen des Liouvilleschen Satzes über die Erhaltung des Phasenvolumens alle mechanischen Systeme zyklisch sind. Ausgenommen ist eine exotische Minderheit von Anfangsbedingungen.

Poincarés Theorem hat nichts mit der expliziten Berechenbarkeit der Bahnen zu tun. Jede Bahnberechnungsmethode wird nach einem bestimmten Zeitraum Δt zusammenbrechen, weil sie weder analytisch noch digital fortsetzbar ist. Aber dies sind nur Grenzen der Rechenmethoden. Der Poincarésche Satz ist von allen Rechenmethoden unabhängig; er beschreibt die Topologie des Phasenraumes.

Unter der Voraussetzung, daß z. B. in unserem Sonnensystem von einem Reibungswiderstand durch ein Medium und von den unelastischen Stößen abgesehen werden kann (und das ist etwa seit 4,6 Milliarden Jahren der Fall), und daß wir auch von Raketen und ähnlichen Reaktoren absehen, ist das Sonnensystem stabil.

Es gibt Ausnahmen (die mathematisch aber nur eine Nullmenge bilden), nämlich die Möglichkeit, daß ein Himmelskörper aus dem Sonnensystem herausgeschleudert wird; d. h., eine hyperbolische Geschwindigkeit bekommt (der sogenannte Schmidtsche Fall).

Die Zerstörung des Sonnensystems in der heutigen Stabilität geschicht genau dann, wenn die Sonne zu einer Nova explodiert; und das ist sicherlich in einigen Milliarden Jahren der Fall. Ansonsten gilt die Poincarésche Sentenz: „Es wird bewiesen, daß es unendlich viele Möglichkeiten gibt, die Anfangsbedingungen so zu wählen, daß das System unendlich oft so nahe, wie man will, zu seiner Ausgangslage zurückkehrt. Es gibt auch unendlich viele Lösungen, die diese Eigenschaft nicht aufweisen, es wird jedoch gezeigt, daß diese unstabilen Lösungen als „Ausnahme" angesehen werden können und daß man sagen kann, sie haben die Wahrscheinlichkeit Null." – Die Anfangsbedingungen, die zu stabilen Systemen führen, sind von der Mächtigkeit des Kontinuums; diejenigen, die instabile Lösungen ergeben, sind hingegen abzählbar.

Die Poincaréschen Perioden können eventuell sehr viel größer als das Lebensalter der Sonnen von einigen 10^{10} Jahren sein. – Hingegen ist die Entstehungszeit des Sonnensystems sehr klein. Die Relaxationszeiten für offene Sternsysteme von 10^3 Sonnenmassen betragen nun einige 10^1 Millionen Jahre, und die Herausbildung des Sonnensystems auf Grund der Gravitationsinstabilität ist durch die Helmholtz-Kelvin-Periode von derselben Größenordnung bestimmt. In diesen Zeiträumen gibt es eine Dissipation der Energie, nämlich eine Umwandlung von der potentiellen zur kinetischen und dann die Umwandlung der kinetischen in thermische Energien durch innere Reibung oder unelastische Stöße. Gegenüber seiner Entstehungszeit ist also das Sonnensystem sehr alt. Die Entstehungszeit beträgt nur einige 10 Millionen Jahre; die Lebensdauer beträgt hingegen einige Milliarden Jahre. Beides ist theoretisch einsehbar; das erste: die kurze Entstehungszeit auf Grund der Gesetze der Thermodynamik, das zweite: die praktische „ewige Lebensdauer" auf Grund der Theoreme der Newtonschen Himmelsmechanik.[3]

Anmerkungen

1 Hierüber habe ich mit Werner Heisenberg ab 1964 diskutiert. Siehe hierzu „Symmetrie und Kosmologie", Monatsberichte der DAW zu Berlin **11**, 1969, S. 226–230.

2 P. S. le Marquis de Laplace, Traité de Mécanique Céleste, Paris 1825, Band 5.

3 Um mich nicht dauernd zu wiederholen, verweise ich auf meinen Text „Kosmogonie" in: Grimsehls Lehrbuch der Physik, Band 4, 17. Auflage, Leipzig 1988, Neudruck 1989.

Bei Fragen zur Produktsicherheit wenden Sie sich bitte an:
If you have any questions regarding product safety,
please contact:

Walter de Gruyter GmbH
Genthiner Straße 13
10785 Berlin
productsafety@degruyterbrill.com